ISBN 978-3-662-22713-8 ISBN 978-3-662-24642-9 (eBook)
DOI 10.1007/978-3-662-24642-9

Die in den Sitzungsberichten Abtlg. I und Abtlg. II der math.-nat. Klasse der Österr. Ak. d. Wiss. erscheinenden Abhandlungen werden auch einzeln abgegeben. Sie können durch jede Buchhandlung oder direkt durch die Auslieferungsstelle der Österreichischen Akademie der Wissenschaften (Wien I, Singerstraße 12) bezogen werden.

Nachfolgende Abhandlungen aus dem Fache der **Paläontologie** sind erschienen:

1953 (S I Bd. 162):

Papp A. und Küpper K.: Holothurienreste aus dem Torton des Wiener Beckens (mit 1 Tafel). S 3.—

Papp A. und Küpper K.: Die Foraminiferenfauna von Guttaring und Klein St. Paul (Kärnten). II. Orbitoiden aus Sandsteinen vom Pemberger bei Klein St. Paul (mit 4 Tafeln). S 13.60

Papp A. und Küpper K.: Über Stolonen von Auxiliarkammern bei Orbitoides und Lepidorbitoides (mit 1 Tafel). S 4.—

Papp A. und Küpper K.: Die Foraminiferenfauna von Guttaring und Klein St. Paul (Kärnten). III. Foraminiferen aus dem Campan von Silberegg (mit 3 Tafeln). S 11.30

Sieber R.: Eozäne und oligozäne Makrofaunen Österreichs. S 8.50

1954 (S I Bd. 163):

Bachmayer F.: Zwei bemerkenswerte Crustaceen-Funde aus dem Jungtertiär des Wiener Beckens (mit 1 Tafel). S 6.60

Janetschek H.: Ein neues inneralpines Nunatakrelikt aus einer für die Alpen neuen Gattung (Ins., Thysanura) (mit 12 Textabbildungen). S 5.20

Obritzhauser-Toifl, Hertha: Pollenanalytische (palynologische) Untersuchungen von mehreren organischen Substanzen (mit 6 Textabbildungen). S 30.—

Schremmer F.: Bohrschwammspuren in Actaeonellen aus der nordalpinen Gosau (mit 1 Tafel). S 3.80

Strouhal H.: Isopodenreste aus der altplistozänen Spaltenfüllung von Hundsheim bei Deutsch-Altenburg (Niederösterreich) (mit 7 Textabbildungen und 2 Tafeln). S 10.30

Tollmann A.: Die Gattungen Lingulina und Lingulinopsis (Foraminifera) im Torton des Wiener Beckens und Südmährens (mit 2 Tafeln). S 9.90

Zapfe H.: Die Fauna der miozänen Spaltenfüllung von Neudorf a. d. March (ČSR). Proboscidea (mit 2 Textabbildungen und 2 Tafeln). S 12.30

1955 (S I Bd. 164):

Bachmayer F.: Die fossilen Asseln aus den Oberjuraschichten von Ernstbrunn in Niederösterreich und von Stramberg in Mähren (mit 9 Textabbildungen und 6 Tafeln). S 26.60

Beier M.: Insektenreste aus der Hallstattzeit (mit 4 Abbildungen und 2 Tafeln). S 6.40

Herre W.: Die Fauna der miozänen Spaltenfüllung von Neudorf a. d. March (ČSR), Amphibila (Urodela) (mit 6 Textabbildungen). S 14.80

Kühn O.: Die Bryozoen der Retzer Sande (mit 2 Tafeln). S 14.10

Papp A.: Orbitoiden aus der Oberkreide der Ostalpen (Gosauschichten) (mit 3 Tafeln). S 12.20

Papp A.: Die Foraminiferenfauna von Guttaring und Klein St. Paul (Kärnten): IV. Biostratigraphische Ergebnisse in der Oberkreide und Bemerkungen über die Lagerung des Eozäns (mit 4 Textabbildungen). S 12.20

Plöchinger B.: Eine neue Subspezies des Barroisiceras haberfellneri v. Hauer aus dem Oberconiader Gosau Salzburgs (mit 2 Textabbildungen und 1 Tafel). S 4.40

Tollmann A.: Die Foraminiferenentwicklung im Torton und Untersarmat in den Randfazies der Eisenstädter Bucht (mit 1 Textabbildung). S 6.70

1956 (S I Bd. 165):

Bernhauser A.: Kann intravitaler Befall durch Bohrorganismen an fossilen Fischzähnen nachgewiesen werden? (mit 10 Textabbildungen). S 7.60

Thenius E.: Zur Kenntnis der fossilen Braunbären (Ursidae, Mammal.) (mit 5 Textabbildungen und 1 Tafel). S 17.20

Thenius E.: Die Suiden und Thayassuiden des steirischen Tertiärs. Beiträge zur Kenntnis der Säugetierreste des steirischen Tertiärs. VIII. (mit 31 Textabbildungen). S 25.—

Zur Kenntnis der Pompiliden Griechenlands

Von HERMANN PRIESNER, Linz

In den Jahren 1960 und 1962—1964 wurden von den Entomologen der Arbeitsgemeinschaft am Landesmuseum Linz Reisen nach Griechenland zwecks hymenopterologischer Studien unternommen. Der Vorstand der entomologischen Arbeitsgemeinschaft in Linz, K. KUSDAS, hatte schon im Jahre 1960 28 Pompilidenarten aus Griechenland mitgebracht. Im Jahre 1962 haben H. H. HAMANN und M. SCHWARZ die Halbinsel Morea (Peloponnes) und die Insel Mykonos besammelt. 1963 wurde auf Morea und der Insel Kreta von Dr. J. GUSENLEITNER, K. KUSDAS, J. SCHMIDT und M. SCHWARZ, und schließlich im Jahre 1964 von den drei letzteren Herren auf Morea gesammelt.

In dankenswerter Weise wurde mir das Pompiliden-Material zur Bestimmung anvertraut, übrigens hat mir Herr J. SCHMIDT das von ihm gesammelte Material für meine Sammlung überlassen, wofür ihm hier besonders gedankt sei. Einzelne Exemplare haben auch die Herren Dr. J. KLIMESCH und R. LÖBERBAUER beigesteuert.

Über den Charakter der Fauna, die, was andere Insektengruppen betrifft, zur Genüge bekannt ist, möchte ich nur erwähnen, daß auf Kreta anscheinend auch an Pompiliden endemische Formen auftreten, und daß die Insel Mykonos gleichfalls vom Festland abweicht, was die Zusammensetzung der Fauna betrifft.

Herr Kollege H. WOLF (Plettenberg) hat mich bei der Bestimmung von *Pedinaspis*, *Anospilus* und *Arachnospila*, mit welchen Gattungen er sich kürzlich monographisch befaßte, unterstützt, was ich mit besonderem Dank erwähnen muß. Für die Überlassung von Typen zum Vergleich bin ich den Herren Dr. F. BACHMEIER (Bayerische Staats-Sammlung), Dr. M. FISCHER (Museum Wien) und Dr. L. MÓCZÁR (Museum Budapest) zu besonderem Dank verpflichtet.

Es wurden 70 Arten festgestellt, von denen 7 für die Wissenschaft neu sind. Auch wurden die bisher unbekannten Männchen von *Cryptocheilus variipenne* ŠUST. und *Cryptocheilus hebraeum graecum* ŠUST. entdeckt, die sich unschwer zuteilen ließen.

Im folgenden sind die Genera und Species mit ihren Fundorten systematisch aufgeführt. Die Beschreibungen der neuen Formen und Bemerkungen zu den alten befinden sich gleich im Anschluß an die Fundortangaben.

I. Pepsinae

Cryptocheilus discolor F. — Beide Geschlechter, ♂ selten: Lamia, Lutraki, Korinth, Alt-Korinth, Kalamata, Olympia. V.—VI. (leg. HAMANN, KUSDAS, SCHMIDT, SCHWARZ).

Cryptocheilus octomaculatum ROSSI[1] — Beide Geschlechter; Lutraki, Korinth, Alt-Korinth, Kalamata, V.—VI. (leg. GUSENLEITNER, HAMANN, KUSDAS, SCHMIDT, SCHWARZ).

Cryptocheilus sexpunctatum F. — ♀♂, Alt-Korinth, V. (KUSDAS); Kalamata, V. (SCHWARZ).

Cryptocheilus ichneumonoides COSTA — 16 ♂♂, 16 ♀♀, offenbar nicht selten: Lamia, Zachloru, Alt-Korinth, Lutraki, Kalamata, Olympia, Solomos, V.—VI. (GUSENLEITNER, HAMANN, KUSDAS, SCHMIDT, SCHWARZ).

Cryptocheilus albosignatum ŠUSTERA — Alt-Korinth, Kalamata, Insel Mykonos, Insel Kreta (Sitia), V.—VI. (HAMANN, KUSDAS, SCHMIDT, SCHWARZ). 7 ♂♂, 9 ♀♀. Die ♂♂ variieren von 5 bis 9 mm.

Cryptocheilus variipenne ŠUSTERA — ♂ (Allotypus!), ♀, Alt-Korinth, 3. 6. 1963 bzw. 28. 5. 1963 (leg. KUSDAS); ibidem, ♂ (Paratypus) (leg. GUSENLEITNER); weitere ♂♂ (Paratypen), ♀♀, Solomos, Kalamata, Korinth, Alt-Korinth, Olympia, V. (KUSDAS, SCHMIDT, SCHWARZ).

♂ (bisher unbekannt): Länge 9,5—10,5 mm. — Mit Fühlern und Beinen schwarz, nur die Basis, der Innenrand und die Spitze der Vordertibien, auch die äußerste Spitze der Vorderschenkel rötlichbraun. Der Körper reich weiß gezeichnet: Ein Strich vorne außen an den Vorderschenkeln, die inneren Orbiten, vorne breit, nach oben schmal bis zum Ende der Augenausrandung reichend, ein Fleckchen oben an den äußeren Orbiten, 2 Querflecke seitlich am Pronotum, ein mittlerer Punkt vor dem Scutellum, ein großer, mehr weniger zackiger Querfleck hinten auf dem Propodeum,

[1] Da „*cheilos*" Neutrum ist, mußten die Artnamen entsprechend geändert werden.

ein 2teiliger Querfleck (oder 2 Punkte) vor der Mitte des 1. Tergits, zwei Punkte vorne an den Seiten des 2. Tergits (die fehlen können), zwei große Querflecke am Vorderrand des 3. Tergits, die sich in der Segmentmitte nicht ganz berühren und nach innen verschmälert sind (bei eingezogenen Segmenten unsichtbar), ein querer Doppelfleck am 3. Sternit (bei eingezogenen Segmenten unsichtbar). Flügel mäßig rauchig getrübt, mit dunklem Endsaum, der die Zellen sc und r 3 fast erreicht, nicht aber m 3. Hinterflügel fast hyalin, mit dunklem Ende. Hüften und Körperseiten mit in gewisser Richtung weißgrau schimmernder Pubeszenz. Fühler schlank und lang, das 3. Glied etwa 3mal so lang wie dick, unten ohne abstehende Haare. Schläfen (seitlich) wenig mehr als ½ Augendicke. Ocellenstellung stumpfwinkelig, POL = OOL. Clypeus stark gewölbt, vorne gerade, matt chagriniert, mit spärlichen, flachen Punkten. Pronotum kurz, nicht so höckerig wie bei *hispanicus*, mehr als doppelt so breit wie lang, Hinterrand mitten stark ausgeschnitten. Postnotum viel kürzer als das Postscutellum, mit glänzender, kurzer Mittelfurche, querliniiert. Propodeum fast bis vorn mit wenig starken Querrippen, vorn weißgrau pubeszent. Pleuren hinten etwas quergestreift. Propodeum wenig breiter als mitten lang. Abdomen ohne grobe Punkte, nur mit der feinen Grundskulptur. Beine lang und schlank, Klauen gezähnt, Endglied der Tarsen mit sehr kleinen (2 Reihen zu 2 [—3]) Dörnchen der Unterseite. Analsegment glänzend, flach dachförmig, aber nicht scharf gekielt, nach hinten leicht verengt, am Ende gerundet. Im Vorderflügel ist die Zelle sc niedrig und am Ende stumpf, die Adern Rt 2 und Rt 3 sind schwach nach außen gebogen.

Dieses ♂ ist vom ♀ auffallend verschieden und gehört mit zu den auffallendsten Pompiliden-Formen.

Cryptocheilus elegans SPINOLA — 2 ♀♀, Kalamata, 12. und 13. 5. 1964 (leg. SCHWARZ); ♂ Olympia, 17. 5. 1964 (leg. KUSDAS).

Cryptocheilus egregium LEP. f. *bisdecorata* COSTA — ♀, Olympia, 16. 5. 1964 (leg. SCHWARZ); ♂ typ., Olympia, 17. 5. 1964 (leg. KUSDAS).

Cryptocheilus hebraeum graecum ŠUSTERA — ♀, Zachloru, 6. 1958 (leg. KLIMESCH); ibidem, ♂, 28. 5. 1962, Kalamata; 2 ♂♂ (Allotype und Paratype), 13. 5. 1964 (leg. SCHWARZ).

♂ (neu): Länge 9 (Segmente eingezogen) bis 12 mm. — Körper und Fühler schwarz, Thorax und Abdomen ungefleckt, nur am Kopf vorne kurze, gelbe Orbita-Linien vorhanden, die vom Clypeus etwa bis zu den Fühlerwurzeln reichen. Beine schwarz, Spitzen der Vorderschenkel schmal, die Mittel- und Hinterschenkel breiter rötlichgelb, Hinterschenkel etwa bis zur Mitte rotgelb; Tibien I und II rot, die letzteren schwarz bespitzt, Hintertibien schwarz. Flügel schwach rauchig getrübt, mit breitem, dunklem Saum, der nur bis zu den Zellen reicht. — Fühler viel schlanker als bei *C. ichneumonoides* COSTA, aber weniger schlank als bei *C. affine* LD. Schläfen dick, fast so lang wie die Augen, hinter den Augen eine Strecke weit parallel, im ganzen stark gerundet; seitlich gesehen sind sie wenig schmäler als ein Auge. Ocellenstellung ungefähr rechtwinkelig (eher stumpf- als spitzwinkelig), POL kleiner als OOL. Clypeus vorne mitten ganz flach und leicht ausgerandet, chagriniert, mit flachen gröberen Punkten. Das 3. Fühlerglied wenig länger als das 1. + 2., knapp 4mal so lang wie dick. Prothorax kurz, stark quer, Vorderbrust vorne abstehend schwarz behaart. Seiten des Körpers nicht weißgrau behaart. Pleuren nicht quergestreift, nur die Propodeumseiten deutlich so. Propodeum kurz, wenig breiter als lang, etwa bis zu den Stigmen fein quergestreift, nach hinten etwas deutlicher so. Tergite chagriniert, mit undeutlichen, flachen, zerstreuten Punkten. Postnotum höchstens $^{2}/_{3}$ der Länge des Postscutellums, in der Mitte mit glänzendem Quereindruck. Zelle sc ziemlich stumpf; Rt 1 schräg, fast gerade, Rt 2 ganz leicht nach außen gebogen, Rt 3 stark gekrümmt. Mt 3 mündet weit hinter der Mitte von r 3. Analsternit schwach konkav, ohne Kiele, hinten breit gerundet; vorletztes Sternit flach ausgerandet, vor dem Hinterrande halbmondförmig eingedrückt.

Cryptocheilus confine HAUPT — ♂♂♀♀, Korinth, Alt-Korinth, Lamia, V.—VI. (leg. GUSENLEITNER, KUSDAS, SCHMIDT, SCHWARZ). Stellenweise ziemlich häufig. — Die griechischen Exemplare haben in der Regel ganz rote Abdominalsegmente 1 und 2, oder Segment 2 am Hinterrande geschwärzt, nur die kleinen Stücke sind oft so gefärbt wie die Typen (coll. Mus. München). Da ich die Typen dieser Art sowie die von *C. frey-gessneri* KOHL und *C. szabó-patayi* MÓCZÁR untersuchen konnte, kann ich auch eine Übersicht geben zur Unterscheidung dieser Arten.

Übersicht zur Bestimmung der mit *notatum* ROSSI verwandten *Cryptocheilus*-Arten.

1. Weibchen

1 (2) Fühler absolut und relativ länger, das 10. Glied wenigstens viermal so lang wie dick, das 3. Glied 4,4mal (selten nur 4mal). Clypeus vorne fast gerade. Mesopleuren nicht gestreift. Postnotum deutlich sichtbar. Querrippen des Propodeums grob, durch kurze Längsrippchen verbunden. Kopf stets schwarz, ohne gelbe Orbitflecke. Abdomen schwarz, mit braunrotem, unscharf

begrenztem Mittelfleck am 2. Segment (*notatum notatum* Rossi) oder ganz schwarz (*notatum melanium* Lep.) oder das 1., 2. und die Basis des 3. Segments rot (*notatum affine* Ld.). Längerer Sporn der Mitteltibien halb so lang wie Metatarsus II, dunkel. Endtrübung der Flügel vom hellen übrigen Teil immer deutlich abgesetzt. Beine dunkel. Zelle sc mäßig stumpf, r 2 und r 3 oben ungefähr gleich lang. Punktierung des Abdomens deutlich. Die Form *notatum affine* über Mittel- und Südeuropa verbreitet, die dunklen Formen nur im Süden .... *notatum* Rossi

2 (1) Fühler kürzer, das 3. Glied höchstens 4,1mal so lang wie dick, das 10. höchstens 3,7mal so lang wie dick; oder Körperlänge nur bis 7 mm.

3 (4) Propleuren jederseits mit einem deutlichen weißgelben Fleck. — Vorderrand des Clypeus fast gerade. Innere Orbiten mit heller Zeichnung. Vorderbeine von den Knien an gerötet. Schläfen hinten kürzer als bei *C. frey-gessneri*. Fühler schlank, das 3. und 10. Glied etwa 3,5mal so lang wie dick. Stirn etwa dreimal so breit wie das Auge. Mesopleuren nur sehr fein, wenig deutlich gestreift. (Postnotum sehr kurz, etwas eingesenkt.) Propodeum ähnlich wie bei *affine*, nur etwas feiner skulptiert. Vom Abdomen Segmente 1 und 2 rot, das 2. am Hinterrande angedunkelt, weitläufige Punktierung deutlich. Flügel mit wenig stumpfer Zelle sc (wie bei *C. frey-gessneri*). Lg. 5—8 mm. Nordafrika, Kleinasien *fischeri* Spinola

4 (3) Prothorax auch seitlich ohne gelbe Zeichnung.

5 (6) Augen schmäler, Stirn breit, in der Augenausrandung gemessen etwa viermal so breit wie ein Auge, bisweilen etwas breiter als das 3. und 4. Fühlerglied lang ist (z. B. 1. 55 : 1,48 mm). Propodeum grob skulptiert, die Querrippchen reichen in der Mitte meist an die Basis heran, selten feiner skulptiert. — Clypeus ausgerandet. Längerer Endsporn der Tibien II dunkel, etwas weniger als halb so lang wie Metatarsus II. Mesonotum mit schwacher Andeutung eines Mittelkiels. Schläfen hinter den Augen fast parallel oder schwach erweitert. 1., 2. und Basis des 3. Abdominalsegments rot (falls das 3. nicht eingezogen ist!), selten das 3. ganz dunkel. Orbiten niemals hell gezeichnet. Propodeum mit feiner, durchlaufender Mittelfurche. Postnotum kurz, matt. Mesopleuren deutlich gestreift. Weitläufige Punktierung des Abdomens deutlich erkennbar. Endtrübung der $\pm$ getrübten Flügel wenig deutlich abgesetzt. Zelle sc mäßig stumpf, r 2 und r 3 oben ungefähr gleich lang, oder r 2 etwas länger. Länge 8—10 mm. — Kleinasien, Griechenland, Italien, Ungarn ....*frey-gessneri* Kohl (=*szabópatayi* Móczár)

6 (5) Augen weniger schmal, Stirn niemals 4mal so breit wie ein Auge. Propodeum-Skulptur viel feiner, der Hauptsache nach hinten fein quergestreift, vorn ganz undeutlich oder gar nicht quergestreift. Sporen der Mitteltibien mindestens halb so lang wie der Metatarsus II. Immer nur das 1. und 2. Abdominalsegment rot, oder schon das 2. hinten $\pm$ breit geschwärzt. Mesonotum ohne die schwache Längserhabenheit.

7 (8) Punktierung des Abdomens deutlich erkennbar, aber feiner als bei voriger Art. 1. und 2. Abdominalsegment rot, die folgenden schwarz. Clypeus vorn ausgerandet. — Orbiten meist gelb gezeichnet. 3. Fühlerglied etwa viermal so lang wie dick, 10. Glied etwa 3,7mal. Schläfen hinten etwas kürzer als bei *freygessneri*, Stirn etwas schmäler. Mesopleuren fein bis kaum gestreift. Postnotum meist glänzend, kurz, mit deutlichen Querstreifen. Propodeum nur am Absturz mit Querstreifen. Flügel mit Zelle sc sehr schmal, Abszisse 2 und 3 des R fast eine gerade Linie bildend, 3. Abszisse am Ende nicht senkrecht, r 2 so lang wie r 3 oder etwas länger. Flügel-Endtrübung deutlicher abgesetzt. Vordertibien dunkel, längerer Sporn der Tibien II so lang wie $^1/_2$ Metatarsus II. Lg. 7—11 mm. — Italien (Pisa!) .... *fallax* sp. n.

8 (7) Punktierung des Abdomens so fein, daß sie kaum mehr als solche erkennbar ist, Segmente halbmatt, chagriniert. Clypeus vorne kaum ausgerandet. 1. und 2. Segment rot, oder das 2. am Ende getrübt, bei kleinen Stücken bisweilen seitlich mehr als in der Mitte. Innere Orbiten gelb gezeichnet, selten ganz dunkel. Zelle sc stumpf, letzte Abszisse des R am Ende $^1/_4$ bis $^1/_2$ ihrer Länge senkrecht auf die Costa. Sporn der Tibien II gelblich, verh. lang. Tibien I innen gelbbraun. Endtrübung der Flügel wenig scharf abgesetzt. 6,5—10 mm. Italien, Peloponnes

confine HAUPT

2. Männchen

1 (4) Die mittleren Fühlerglieder auf der Unterseite mit kurzer Bewimperung von rötlichen Haaren[2].

2 (3) Durchschnittlich größere Art (7—11 mm), mit verhältnismäßig scharf abgesetzter Endtrübung der ziemlich hellen Flügel. Das 3. Fühlerglied wenigstens 4mal so lang wie dick. Fühler vom Ende des 6. bis zum 10. Glied unten bewimpert. Bei der Hauptrasse 1., 2. und Basis des 3. Tergites rot. Tarsen sehr schlank. Orbiten (wie bei folgender Art) meist gelb gezeichnet. Weitläufige Punktierung der Tergite sehr deutlich. 7. Sternit nicht tief aus-

[2] In diese Gruppe kommt auch das mir noch unbekannte ♂ von *C. fischeri* SPIN., das von *confine* noch abzutrennen sein wird.

gerandet, sondern beiderseits der Mitte flach erweitert, in der Mitte flach ausgerandet. Analsternit leicht konkav, nur basal mit undeutlicher, knopfartiger Erhabenheit; Seitenborsten gekrümmt, länger als bei folgendem. Färbungsrassen wie beim ♀ *notatum* ROSSI

3 (2) Kleinere Art (6—8 mm). Flügel-Endtrübung wenig scharf abgesetzt, Flügelbasis weniger klar. Bewimperung der Fühler vom Ende des 5. (oder 6.) Gliedes bis zum 10. erkennbar. 3. Abdominalsegment basal nicht rot, oft auch das 2. am Ende mehr weniger dunkel. Abdomen-Punktierung erloschen. 7. Sternit tief ausgerandet. Analsegment mit ganz schwacher Längserhabenheit unten mitten, nicht konkav, basale Randbehaarung kürzer, schwächer, der Umriß des Analsternits weniger gleichmäßig gerundet .... *confine* HAUPT

4 (1) Die Fühler haben an der Unterseite keine Bewimperung. Abdomen-Punktierung noch gut erkennbar.

5 (6) Zelle r 3 oben länger als r 2. Orbiten etwas gelb gezeichnet. Vordertibien und Vordertarsen gelbbräunlich. Längerer Endsporn der Tibien II überragt etwas die Mitte des Metatarsus II. Flügel-Endtrübung deutlicher abgesetzt. Mesonotum gleichmäßig gewölbt. Propodeum feiner skulptiert. 7. Sternit der ganzen Breite nach, aber schwächer als bei *confine*, ausgerandet. Analsternit glänzend (wie bei *confine*), mäßig weitläufig, mehr regelmäßig punktiert, mit ganz flachem Längskiel oder ganz schwachem Längseindruck beiderseits desselben .... *fallax* sp. n.

6 (5) Zelle r 3 oben nicht länger als r 2, bisweilen etwas kürzer. Orbiten nicht gelb gezeichnet. Vordertibien fast dunkel. Der längere Endsporn der Tibien II erreicht meist die Mitte des Metatarsus II. Flügel-Endtrübung undeutlich abgesetzt, Flügel gleichmäßiger getrübt. Mesonotum mit ganz leichter Längserhabenheit (von der Nadel oft zerstört!). Propodeum gröber skulptiert. 7. Sternit am Hinterrande ungefähr klammerförmig und nur flach ausgerandet. Analsternit matt, Punktierung mehr runzelig, ohne Längserhabenheit .... *frey-gessneri* KOHL

Priocnemis coriacea DAHLBOM — ♀, Zachloru, 31. 5. 1961 (leg. KUSDAS).

Priocnemis rugosa ŠUSTERA — ♀, Zachloru, 29. 5. 1962 (leg. SCHWARZ).

Priocnemis perturbator HARRIS — ♀, Zachloru, 29. 5. 1964 (leg. KUSDAS).

Priocnemis susterai HAUPT — 2 ♀♀, ♂ Zachloru, 5.—6. 1960—1964 (leg. KUSDAS, SCHWARZ).

Priocnemis mimulus WESMAEL — ♀♂ Chelmos (1800 bis 1900 m), VI. (leg. KUSDAS, SCHWARZ); Zachloru, V.—VI. (leg. KUSDAS).

Priocnemis bellieri SICHEL — ♀♀♂♂, Megaspileion, Zachloru, Kalamata, Kreta (Sitio, Heraklion, Knossos), V. (leg. GUSENLEITNER, KUSDAS, SCHMIDT, SCHWARZ).

Priocnemis rufozonata rufozonata COSTA — ♀, Zachloru, 12. 6. 1960 (leg. KUSDAS).

Priocnemis spec. aff. *minor* ZETT. — ♀♀, Alt-Korinth, Kreta (Knossos, Heraklion), V.—VI. (GUSENLEITNER, SCHWARZ).

Calicurgus hyalinatus F. — ♂♀, Zachloru, 25.—29. 5. 1960 (leg. KUSDAS).

Poecilagenia rubricans LEP. — ♀, Kalamata, 11. 5. 1964 (leg. SCHWARZ).

Auplopus carbonarius SCOP. — Scheint überall häufig zu sein. ♂♂♀♀, Lamia, Lutraki, Korinth, Alt-Korinth, Kalamata, Kreta (Knossos, Heraklion), V.—VI., 1960—1964 (leg. GUSENLEITNER, KUSDAS, SCHMIDT, SCHWARZ).

Auplopus albifrons rectus HAUPT — ♂♂♀♀, Lamia, Lutraki, Alt-Korinth, Kalamata, Zachloru, Akropolis, Kreta (Knossos, Sitia, Heraklion), V.—VI. (leg. HAMANN, GUSENLEITNER, KUSDAS, SCHMIDT, SCHWARZ). Unter den 22 ♀♀ und 9 ♂♂ war nur 1 ♀, bei dem man im Zweifel sein könnte, ob es zu *albifrons albifrons* oder zu *albifrons rectus* gestellt werden soll. Unter den Männchen waren 2 Exemplare der f. *nigra* PR. (Zachloru, Kalamata, V., leg. SCHWARZ).

II. Pompilinae

Aporus inermis BRULLÉ — ♂♂♀♀, Zachloru, Kalamata, Alt-Korinth, Kreta (Heraklion, Knossos), V.—VI. (leg. KUSDAS, SCHWARZ).

Pedinaspis affinis HAUPT — Eine der häufigsten Pompiliden, besonders zahlreich auf Kreta (Heraklion, Sitia, Knossos), V.—VI. 1963. Sonst von Korinth, Alt-Korinth, Zachloru, Kalamata, Kalavrita (leg. HAMANN, GUSENLEITNER, KUSDAS, SCHMIDT, SCHWARZ). — Die ♂♂ variieren in der Größe von 8,5—16 mm, die ♀♀ von 9—20 mm.

Pedinaspis crassitarsis COSTA — Seltener als vorige Art, bisher nicht von Kreta. ♂♂♀♀, Alt-Korinth, Korinth, Lamia, Zachloru, Chelmos, V.—VI. (leg. HAMANN, KUSDAS, SCHMIDT, SCHWARZ).

Anospilus orbitalis COSTA — Nicht selten. Alt-Korinth, Korinth, Solomos, Chelmos, V.—VI. 1962—1964; Kreta (Sitia,

Heraklion), V. Beide Geschlechter (leg. GUSENLEITNER, KUSDAS, SCHMIDT, SCHWARZ). — Eine weitere, noch unbekannte *Anospilus*-Art wird von H. WOLF gelegentlich seiner in Bearbeitung stehenden *Anospilus*-Revision behandelt werden.

Arctoclavelia (Subg. *Dyscheria* nov.) *wolfi* n. sp. — 2 ♀♀ (Holotypus und Paratypus), Insel Mykonos (Kykladen), 8. 6. 1962, am Strande, leg. M. SCHWARZ.

Das Subgenus ist folgendermaßen charakterisiert: Fühler nur mäßig lang, das Endglied etwas schräg abgestutzt. Flügel verhältnismäßig kurz, Stigma kurz, am Ende nicht zugespitzt, Zelle sc kurz, am Ende wenig zugespitzt. Vordertarsen mit mäßig kräftigen, nicht dicken Kammdornen. Clypeus erreicht die Augen. Propodeum kurz, nicht verengt, etwa wie bei *Anoplius*. Kopf, Propodeum und Abdomen, dieses auch an den Seiten der Segmente, mit spärlichen, sehr kurzen, senkrecht abstehenden Haaren besetzt, Sternite länger behaart, auch das Abdomenende dichter und länger behaart. Beine stark bedornt, besonders die Metatarsen der Mittel- und Hinterbeine. Pulvillus schmal, den Tarsenzahn etwa erreichend, mit ganz wenigen Strahlen, ähnlich wie bei *Ageniodeus*. Von *Arctoclavelia* s. str. hauptsächlich durch das nicht quergerippte Propodeum verschieden.

♀: Lg. 9—11 mm. — Ganz schwarz, nur in der schwachen Augenausrandung ein kleiner gelbbrauner Orbitfleck. Mandibelbasis, Gesicht und Clypeusseiten silberweiß anliegend behaart. Flügel ziemlich stark getrübt, mit noch dunklerem Saum, der bis zu den Zellen reicht, Hinterflügel viel lichter, mit dunklem Saum.

Schläfen kurz, in gleichmäßiger Rundung eingezogen, etwa $^1/_3$ der Augenlänge lang, seitlich betrachtet weniger als $^1/_2$ so dick wie die Augen; diese so breit wie die halbe Stirn, oben am Scheitel nicht merklich genähert. Ocellenstellung ungefähr rechtwinkelig (bis schwach stumpfwinkelig), POL = OOL. Clypeus vorne fast gerade, seitlich sehr nahe den Augen, Wangen ganz kurz, Fühler kurz, das 3. Glied etwa so lang wie 1. + 2., nur 3,5mal so lang wie am Ende dick; das Endglied nicht abgerundet, sondern schmal schräg abgestutzt, mit glänzender Endfläche. Prothorax stark quer, stark bogenförmig ausgerandet, besonders seitlich kurz abstehend behaart, wie der Scheitel. Metatarsus I mit 3 mäßig langen, kräftigen Kammdornen, von denen der apikale das Ende des 2. Tarsengliedes nicht ganz erreicht; ein mittlerer Unterseiten-Kammdorn, außer dem apikalen, vorhanden. Postnotum mitten kurz, höchstens $^1/_2$ der Postscutellum-Länge, seitlich mit etwa 3 Querrillen. Propodeum kurz, stark quer, mit Mittelfurche und Eindruck am Absturz, der etwas konkav ist und glänzend, sehr fein chagriniert. Propodeum ohne jegliche Querstreifung. Seiten des Propodeums überall sehr kurz und fein, aber ziemlich reichlich abstehend behaart. Vom Stigma zieht eine scharfe Furche gegen das Postnotum nach vorne. Abdomen nur mäßig lang; fein dunkel bestäubt, Seiten überall (besonders deutlich am 1. Segment) kurz abstehend, sehr fein behaart, das Endsegment lang und reichlich fein abstehend behaart. Alle Sternite vom 2. an abstehend behaart. Endsternit nicht gekielt. Flügel nicht lang, an *Ammosphex* erinnernd; Flügelstigma mäßig groß, kurz, nicht scharf zugespitzt. Zelle sc kurz, Endabschnitt des R (4. Abszisse) am Ende leicht konvex, so daß sc am Ende weniger zugespitzt ist als z. B. bei *Anospilus*; jede Abszisse des R länger als die vorhergehende; Zelle r 2 oben und unten kürzer als r 3; Rt 1 und Rt 3 stark gebogen, Rt 2 fast gerade; Cut fast interstitial, Mt 3 deutlich nach außen gebogen. Cut im Hinterflügel interstitial, am Ende stark gekrümmt; Cu am Ende gebogen, nicht geknickt. Schenkel II und III mit nicht sehr langen, aber deutlich abstehenden Haaren, Tibien mit kräftigen, aber nicht langen Dornen, Metatarsen III außen mit 2 Reihen von kräftigen (2—3) Dornen; Tarsen-Endglied mit Mittelreihe von 3—4 Unterseiten-Dörnchen. Klauenzahn deutlich, fast senkrecht, an den Vorderbeinen etwas schräg. Pulvillus klein, mäßig schmal, mit wenigen (5—7) Kammstrahlen. Mittelbrust wie bei *Ammosphex*, nicht wie bei *Sophropompilus* am Ende in 2 kleinen Dreiecken vorgezogen.

Diese Art habe ich Herrn Kollegen H. WOLF (Plettenberg) gewidmet, der unsere Kenntnisse von den Pompiliden durch seine Gattungs-Monographien wesentlich bereicherte.

Aporinellus sexmaculatus SPINOLA — Beide Geschlechter, V., Korinth, Kalamata, Olympia, Kreta (Sitia, Knossos, Heraklion) (leg. GUSENLEITNER, KUSDAS, SCHMIDT, SCHWARZ). var. *asiaticus* GUSSAK. — ♀, Kreta (Heraklion), 22. 5. (leg. SCHMIDT).

Episyron rufipes L. — ♂♂♀♀, Korinth, Zachloru, Kreta (Heraklion), Mykonos, V.—VI. (HAMANN, SCHWARZ leg.).

Episyron albonotatus v. d. LINDEN — ♀♀, Alt-Korinth, Korinth, Zachloru, V. (KUSDAS, SCHWARZ).

Episyron ordinarius nom. nov. (= *albonotatus* auct. nec LIND.) — ♂, Zachloru, 30. 5. 1962 (leg. HAMANN).

Poecilopompilus lacerticida PALLAS — ♂♂♀♀, Alt-Korinth, Kalamata, Zachloru, V.—VII. (leg. HAMANN, LÖBERBAUER, KUSDAS, SCHWARZ).

Paraferreola syraensis RADOSZKOWSKI — Nur ♀♀, Alt-Korinth, Korinth, Lutraki, V.—VI. (GUSENLEITNER, SCHMIDT, SCHWARZ).

Paraferreola rhombica CHRIST — ♂, Alt-Korinth, 25. 5. 1964 (leg. SCHWARZ).

Paraferreola rhombica thoracica ROSSI — ♀, Litochloron, VII. 1957 (leg. KLIMESCH); ♂, Megaspileion, V. 1962 (leg. HAMANN); ♀, Solomos, 24. 5. 1964 (leg. KUSDAS); ♀, Chelmos, 4. 6. 1962 (leg. SCHWARZ). — Das Exemplar von Solomos fällt durch die undeutliche Rötung des 1. Tergits auf, so daß beim ersten Anblick nur das 2. Tergit rot gezeichnet erscheint.

Paraferreola manticata PALLAS — ♀, Kalamata, 15. 5. 1964 (leg. KUSDAS) — Dieses Stück hat nur in der vorderen Hälfte roten Prothorax, nähert sich also *P. lichtensteini* TOURN., die wahrscheinlich nur eine dunklere Form der *manticata* ist, um so mehr als das ♂ von *manticata* genau auf die Beschreibung von *P. lichtensteini* paßt, die RIBAUT (Vie et Milieu, VII, 4, 1956, p. 566) gab, der diese Art mit *rhombica*, aber nicht mit *manticata* verglich.

Paraferreola spec. — Zachloru, ♂, 26. 5. 1964 (leg. KUSDAS). — Dieses Exemplar weicht von *thoracica* etwas ab, so daß es vorderhand nicht mit Sicherheit determiniert werden kann.

Anoplius viaticus L. — Wie in Mitteleuropa mit der f. *pagana* DAHLB. gemischt vorkommend. Häufig und vom 13. 5. bis 3. 6. gefangen. Lamia, Alt-Korinth, Kalamata, Zachloru, Chelmos, Olympia, Kreta (Knossos, Sitia, Heraklion), von allen Sammlern mitgebracht.

Anoplius infuscatus v. d. LINDEN — Nur einzeln. Olympia, VII.; Kreta (Heraklion), V. (leg. GUSENLEITNER, SCHWARZ).

Anoplius dispar DAHLBOM — Zahlreich in beiden Geschlechtern, aber nur auf der Insel Mykonos am Strand gesammelt, 8. 6. 1962 (leg. SCHWARZ). Die ♂♂ variieren von 8—11 mm.

Anoplius nigerrimus SCOPOLI — 2 ♂♂, Zachloru, 30. 5. 1962 (leg. SCHWARZ).

Agenioideus (Gymnochares) fumarius HAUPT — ♂♂♀♀, Lutraki, Alt-Korinth, V.—VI. (leg. GUSENLEITNER, KUSDAS, SCHMIDT, SCHWARZ). — Diese Form paßt im ♀ besser auf die Beschreibung des *fumarius* als auf die des *haematopus* LEP., HAUPT. Ob diese beiden Formen wirklich spezifisch verschieden sind, muß auf Grund der Typen bestätigt werden. Eine Beschreibung des ♂ hat demnach erst Wert, wenn sie vergleichend gegeben werden kann.

Agenioideus (Eggysomma) ciliatus LEP. — ♀, Lutraki, 25. 5. 1962 (leg. SCHWARZ).

Agenioideus (Eggysomma) rytiphorus KOHL — ♀, Alt-Korinth, 25. 5. 1964 (leg. SCHWARZ).

Agenioideus (Eggysomma) ruficeps EVERSMANN, HAUPT — ♀, Kalamata, 11. 5. 1964 (leg. KUSDAS).

Agenioideus (Agenioideus) nubecula (COSTA) — Diese häufige Art liegt in beiden Geschlechtern vor von Lamia, Lutraki, Zachloru, Alt-Korinth, Kalavrita, Kalamata, Kreta (Sitia), V.—VI und wurde von allen genannten Sammlern gefunden. Die Art neigt in Morea zu Verdunkelungen, so daß schon bei Übergängen zu der ganz dunklen Form Verwechslungen mit *A. cinctellus* möglich sind, besonders aber bei f. *tristis* nov., die durch ganz schwarzes Abdomen ausgezeichnet ist, bei dem nur die Basis des 2. Segmentes seitlich schwach gerötet sein kann. Diese ist jedoch von *A. cinctellus* durch die längeren, schlankeren Fühler, besonders das schlankere 3. Glied und die schmälere Gelbfärbung des Clypeus sicher zu unterscheiden. Der Clypeus ist bei *nubecula tristis* nov. vorn nur schmal gelblich oder gerötet. Orbiten mit kleinem gelbem Fleck. Pronotum ganz schwarz. Beine, mit Ausnahme der Hüften und Schenkelbasis gelbrot, Vorderschenkel ganz schwarz.

Agenioideus (Agenioideus) cinctellus (SPIN.) — ♂, Alt-Korinth, 5. 6. 1960 (leg. KUSDAS).

Agenioideus (Galactopterus) saucius (HAUPT) — 3 ♂♂, 20.—24. 5. 1964, Alt-Korinth (leg. SCHWARZ); ♂, 26. 5. 1963, Kreta (Heraklion) (leg. GUSENLEITNER). War von HAUPT aus Israel beschrieben, ich kenne aber auch 1 Exemplar von der Insel Krk (Jugoslawien), von L. MADER gesammelt.

Agenioideus (Chionopterus) europaeus spec. nov. — 4 ♂♂ (Holotypus und Paratypen), Kreta (Heraklion), 26. 5. 1963, am Strande (leg. GUSENLEITNER und SCHWARZ).

♂: 5,5—7,5 mm — Körper, Fühler und Beine schwarz. Gesicht seitlich der Fühlerhöcker mit kleinem, silbern pubeszentem Fleck. Propodeum seitlich und hinten anliegend behaart; diese sehr deutlichen Haare sind silberweiß und vor dem Hinterrande des Propodeums nach außen gerichtet, in der Mitte desselben aber, nur in gewisser Richtung sichtbar, nach vorne, an den Seiten desselben mehr nach außen gerichtet; auch die Seiten des Scutellums und Postscutellums mit solcher Behaarung, die aber auch nicht in jeder Richtung auffällt; Postnotum unbehaart. Pubeszenz des Abdomens staubartig, am 1. Segment in gewisser Richtung deutlich grau. Das 6. Tergit ist fein weißlich gerandet, das 7. ganz elfenbeinweiß. Flügel praktisch glashell, nur ganz leicht milchig, Adern und Stigma schwarz; ein deutlicher Randsaum ist von den r-Zellen weit entfernt, dringt aber in die Spitze von sc ein; der Apikalrand des Vorderflügels ist ein wenig heller als die graue Randtrübung oder diese hellt sich gegen die Flügelspitze auf. — Stirn stark gewölbt, Scheitel sehr kurz, der ganze Kopf halblinsenförmig, Schläfen dünn, seitlich gesehen $^1/_4$ der Augendicke (4:17). Ocellenstellung deutlich stumpfwinkelig, POL = OOL. Augenabstand unten 0,67—0,7 mm, oben 1,0—1,1 mm. Clypeus kurz, vorn fast gerade. Fühler kurz und dick, die einzelnen Glieder ganz leicht gebogen; Schaft kurz, innen oben etwas gekantet, das 3. Glied nicht ganz doppelt so lang wie breit, etwas länger als das 4. (besonders außen), das letzte, zugespitzte Glied gut doppelt so lang wie dick, die beiden vorletzten Glieder nicht ganz doppelt so lang wie breit. Metatarsus der dünnen Tarsen I etwas länger als die drei folgenden Glieder zusammen. Prothorax stark quer, konisch, Hinterrand sehr flach stumpfwinkelig. Postscutellum stark gewölbt, Postnotum deutlich kürzer. Propodeum auffallend silbern behaart (s. oben!), nach hinten verengt. Der vorletzte Abschnitt des Cu im Vorderflügel etwas länger als der letzte, da dieser den Rand nicht ganz erreicht. Stigma groß, so stark zugespitzt, Rt 2 senkrecht, Rt 1 und Rt 3 deutlich gebogen; die Zellen r 1 und r 2 oben breit offen und gleich lang, oder r 3 oben etwas kürzer als r 2. Basalis $^2/_3$ der Länge senkrecht; Cut des Hinterflügels am Ende steil, schwach postfurkal oder interstitial. Klauen der Tarsen I symmetrisch, also auch die Innenklaue mit nur kleinem Zähnchen. Der längere Sporn der Tibien II wenig kürzer als der Metatarsus II, der längere Sporn der Tibien III $^2/_3$ der Länge des Metatarsus III. Analsegment, von oben gesehen, hinten gerundet oder fast abgestutzt, und nur mit äußerst zarten, schwarzen Börstchen umrandet; das Segment ist der Quere nach stark gewölbt, aber ohne ausgesprochenen Kiel der Unterseite, der Länge nach kaum gewölbt.

Diese Art unterscheidet sich von den Arten *aegyptorum* (Pr.), *niger* (Haupt) (olim *Nanoclavelia*) und *decipiens* Pr. durch die nicht rein milchweißen Flügel, von *signatipennis* (Kl.) durch dickere Fühler, oben breit offene Zelle r 2, die graue (nicht bräunliche) Pubeszenz des Tergits I und das seitlich nicht grob gestreifte Postnotum. Das Subgenus *Chionopterus* ist, wie in meiner Palästina-Arbeit dargelegt, ähnlich *Galactopterus*, aber durch die symmetrischen Vorderklauen und den Mangel abstehender Haare des Propodeums und 1. Abdominalsegments verschieden. Die offenbar seltenen ♀♀ sind noch von keiner Art bekannt.

Dicyrtomellus luctuosus Mocsáry — ♀, Korinth, V.; ♂, Alt-Korinth, VI. (leg. Schmidt).

Pompilus (Pompilus) pulcher F. – Nicht selten am Strande von Mykonos, ♂♂♀♀, VI. (leg. Hamann, Schwarz); ♀, Olympia, V. (leg. Schwarz).

Pompilus (Anoplochares) minutulus Dahlbom — ♀, Chelmos, 9. 6. 1960 (leg. Kusdas).

Pompilus (Arachnospila) fumipennis ZETT. — ♀, Chelmos, 8. 6. 1960 (leg. KUSDAS).

Pompilus (Arachnospila) ionicus WOLF — 3 ♂, ♀, Alt-Korinth, 1. bzw. 10. 6. 1963 (leg. KUSDAS); Chelmos, 2 ♂, 2 ♀, 3. 6. 1962 (HAMANN, SCHWARZ); ♂, Alt-Korinth, 31. 5. 1964 (leg. SCHWARZ). — Wurde von mir für eine Rasse des *P. sogdianus* gehalten, der Phallus ist aber (nach WOLF, Opusc. Entom., 29, 1964, p. 29, fig. 48) durchaus nicht identisch.

Pompilus (Ammosphex) consobrinus DAHLBOM — ♀, Chelmos (Schutzhaus), 1.—4. 6. 1962 (leg. HAMANN), 2 ♀♀, 8. 6. 1960 (leg. KUSDAS).

Tachyagetes filicornis TOURNIER — ♂♂♀♀, Lamia, Alt-Korinth, Lutraki, Kalamata, V.—VI. (leg. KUSDAS, SCHWARZ).

Tachyagetes kusdasi sp. n. — 2 ♀♀ (Holo- und Paratypus), Olympia, 16.—17. 5. 1964; ♂ (Allotypus), Alt-Korinth, 3. 6. 1963; ♀ (Paratypus), Alt-Korinth, 24. 5. 1964 (leg. GUSENLEITNER, KUSDAS, SCHWARZ).

♀: Lg. 6,5—7,5 mm. — Schwarz, das 1.—3. Abdominalsegment rot. Der dunkle Endteil der Vorderflügel vom schwach getrübten Basalteil stärker abgesetzt als bei der Mehrzahl von *T. filicornis*. Auch strukturell dem *T. filicornis* sehr ähnlich, in der Kopfbildung praktisch gleich. An den Fühlern ist das 3. Glied etwa 4,2mal so lang als maximal dick. — Die Hauptunterschiede bestehen in folgendem: Der Vordertarsen-Kamm ist entschieden länger, am Metatarsus I sind die drei lateralen Dornen deutlich entwickelt, alle länger als der Metatarsus dick ist, der apikale Dorn $^1/_2$ (oder etwas mehr) so lang wie das 2. Tarsenglied, auch sind die Dornen verhältnismäßig kräftig. Der Prothorax ist am Hinterrande deutlich stumpfwinkelig ausgeschnitten, während er bei *filicornis* sehr wenig stumpfwinkelig, also fast verrundet ist. Propodeum ungefähr wie bei *filicornis*. Wesentlich sind die Unterschiede im Flügelgeäder. Zelle r 2 ist kürzer als bei *filicornis*, oben enger, so daß die 2. Abszisse des R nicht länger ist als die 1. und entschieden kürzer als das Stigma. Der Nervulus ist interstitial oder fast so und senkrecht, während er bei *filicornis* nur selten fast senkrecht steht.

♂: 5,5—5,6 mm. — Daß dieses ♂ hierher gehört, scheint mir daraus hervorzugehen, daß es im Geäder und in der winkeligen Prothorax-Ausrandung mit dem ♀ übereinstimmt. — Schwarz, das 1. Abdominalsegment hinter der Basis und am Endrand, das 2. an der Basis trüb dunkelrot. Gesicht, äußere Orbiten, Prothorax-Seiten z. Teil, die ganzen Körperseiten, Hüften und Seitenränder des Propodeums anliegend weißlich pubeszent. Flügel getrübt, mit breitem dunklem Endsaum. — Fühler deutlich schlanker als bei *filicornis*, dem es sonst sehr ähnlich ist; das 3. Glied gut dreimal so lang wie breit; die Stiftchen der Innenseite sind nur am Ende des Gliedes entwickelt, das 4. schon von der Basis an (aber weniger dicht als bei *filicornis*) mit Stiftchen besetzt, das vorletzte Glied ist etwa 2,5mal so lang wie dick, bei *filicornis* außen etwa doppelt, innen weniger als doppelt so lang wie dick. Scheitel hinten ein wenig stärker ausgerandet. Ocellenstellung wie bei *filicornis*. Pronotum hinten entschieden stumpfwinkelig. Postnotum fast so lang wie das Postscutellum, mit etwa 5 Querstreifchen. Propodeum wie bei *filicornis*. Mt 3 im Vorderflügel mündet weit vor Rt 2. Nervulus interstitial. Klauenzähnchen nicht erkennbar. Analsternit breit abgerundet, im ganzen etwas breiter als bei *filicornis*.

Diese Art ist durch die Fühlerbildung allein schon hinlänglich verschieden, so daß sie sicherlich nicht in den Variationsbereich von *filicornis* gehört.

Ich habe sie nach meinem Freunde K. Kusdas benannt, der seit 1958 wertvolle Beiträge zur Kenntnis der Pompiliden Österreichs und des Mittelmeergebietes geliefert hat.

Tachyagetes aeratus spec. nov. — ♀, Mykonos, 8. 6. 1962, am Strande (leg. M. Schwarz).

♀: Lg. 5,3 mm. — Körper samt Beinen und Fühlern schwarz, mit eigenartiger bronze-brauner Pubeszenz, die an den Seiten des Pronotums und am Propodeum besonders deutlich wird; seitlich der Fühlerbasis und am Clypeus geht diese Pubeszenz in Grau über, ebenso an den Pleuren, und an den Hüften ist sie in gewisser Richtung mehr grau als bronze. — Kopf dick, Schläfen mäßig lang, von oben gesehen etwa $^1/_3$ so lang wie die Augen, seitlich betrachtet etwa $^1/_2$ so dick wie die Augen. Mandibeln und der schmal glänzende Vorderrand des Clypeus rötlich, hier auch die Pubeszenz wieder mehr bräunlich. Auge (von vorne gesehen) ungefähr $^1/_2$ so breit wie die Stirn, der Augenabstand oben wenig kleiner (0,67:0,74 mm). Augendistanz am Scheitel 0,7 mm. Ocellenstellung leicht spitzwinkelig, POL = OOL. Fühler ohne Besonderheit, das 3. Glied dreimal so lang wie dick (0,4:0,13 mm), das 11. Glied etwas mehr als doppelt so lang wie dick (0,22:0,14 mm). Prothorax hinten stark ausgerandet, aber nur undeutlich winkelig, fast gerundet. Postnotum so lang wie das Postscutellum, fein quergestreift, mit tiefer Mittelfurche. Propodeum mit deutlicher Mittelfurche, ohne abstehende Haare. Tergite, besonders das 1., mit undeutlich rötlich durchscheinendem Endrand. Hintertibien dunkelbraun, hinter der Basis mit einer helleren, schmutziggelben

Stelle, so daß zu vermuten ist, daß das zugehörige Männchen einen weißen Tibienfleck besitzt. Metatarsus I mit drei ganz kurzen gelbbraunen Kammdornen und einem solchen Unterseiten-Dörnchen hinter der Mitte; Dornen der Tibien gleichfalls gelbbraun, kürzer als die Tibien mitten breit sind. Klauen mit Zähnchen, das der Mittelbeine sehr klein. Endglied der Hintertarsen ohne Dörnchenreihe der Unterseite. Flügel mit entschieden kleinerer sc als bei *T. funebris* m. nov.; beim kleinsten Stück *funebris* (6 mm) ist die Innenhöhe von sc 1,15 mm, die Länge 0,52—0,55 mm, bei *aeratus* ist die Höhe 0,11 mm, die Länge 0,43—0,44 mm. Flügel ebenso gefärbt wie bei *filicornis*, aber die Adern Rt 1 und Rt 2 sowie Mt 3 ziemlich blaß. Cut 1 und Mt 3 (mit Rt 2) fast interstitial.

Da diese Art schon wegen der Färbung der Pubeszenz leicht wiederzuerkennen sein wird, beschrieb ich sie ausnahmsweise, wiewohl erst ein einziges Exemplar vorliegt. Sie unterscheidet sich von *funebris* nicht nur durch das obige Merkmal, sondern auch durch die Flügelzellen und die geringere Größe.

Tachyagetes funebris spec. nov. — 14 ♀♀, 9 ♂♂, Kreta (Knossos, Sitia, Heraklion), 13.—25. 5. 1963 (leg. GUSENLEITNER, KUSDAS, SCHMIDT, SCHWARZ). Holo- und Allotypus in coll. GUSENLEITNER.

♀: 5,6—8 mm. — Ganz schwarz, ohne weißliche Pubeszenz, nur an den Hinterecken des Propodeums einige kurze, anliegende, grauweiße Härchen, Stirn und Clypeus schwach grau pubeszent, auch die Seiten des Prothorax und die Hüften schwach grau pubeszent, etwa wie bei *T. filicornis*; sonst ist die feine staubartige Pubeszenz des Körpers dunkel bräunlich. Kopf wie bei *filicornis* gebaut, die Schläfen von der Mitte der Augen an ganz leicht nach hinten gerundet verengt. Auch an den Fühlern kann ich keinen greifbaren Unterschied gegenüber *filicornis* finden. Postnotum kürzer als das Postscutellum, mit tiefer Mittellängsfurche, quergestreift. Propodeum mit derselben Netz-Chagrinierung wie bei *filicornis*, matt, mit Mittelfurche. Klauen mit sehr kleinem Zähnchen, das bisweilen von der langen Innenborste der Klauen verdeckt wird. Metatarsus I mit drei nur sehr kurzen Kammdornen, die kaum länger sind als der Metatarsus dick ist, und mit einem Unterseitendorn, etwa in der Mitte. Tarsenendglied unterseits unbedornt.

♂: 5—6,5 mm. — Ganz schwarz, nur mit elfenbeinweißem Längsfleck hinter der Basis der Tibien III, außen. Flügel hell, kaum bis leicht getrübt, mit breitem, dunklem Endsaum. Gesicht, Clypeus und Prothoraxseiten, Hüften, Seiten des Propodeums hinten mit wenig auffallender, weißgrauer Pubeszenz. Das 3. Fühlerglied etwa doppelt so lang wie dick, die feinen Stiftchen (innen) schwach entwickelt, meist nur in der Endhälfte oder am Ende, weniger deutlich als bei *filicornis*, die folgenden Glieder an der ganzen Innenseite mit Stiftchen besetzt. Schläfen, seitlich betrachtet, ungefähr halb so dick wie die Augen. Tarsenzähnchen äußerst klein. Analsegment mit breit abgerundetem Endrand. 7. Tergit niemals weiß. An den Flügeln Ct 1 in der Regel interstitial, nicht wie bei der überwiegenden Mehrzahl der Exemplare von *filicornis* postfurkal. Mt 3 im Vorderflügel leicht vor Rt 2 mündend oder interstitial.

Das ♀ ist von *filicornis* durch das ganz schwarze Abdomen, und das viel weniger deutliche Tarsenzähnchen zu unterscheiden. Das ♂ ist von ganz schwarzen Exemplaren *filicornis* durch die schwächere Ausbildung der Stiftchen des 3. Fühlergliedes und den weißen Tibienfleck (bei allen Exemplaren sichtbar!), das etwas längere 3. Fühlerglied, den meist interstitialen Nervulus und die meist kürzere Zelle r 2 sicher zu unterscheiden.

Ich hätte diese Art für *T. niger* HAUPT gehalten, sie ist aber hiermit offenbar nicht identisch, denn das ♂ von *T. niger* HAUPT hat weißes 7. Tergit und ganz schwarze Beine. Sollte aber das ♀ von *niger*, von dem es heißt, daß es in der Kopfform von *filicornis* abweicht, trotzdem identisch sein, dann gehört das von HAUPT kurz beschriebene ♂ eben nicht zu *niger*. Ich habe daher, um spätere nomenklatorische Änderungen zu vermeiden, das ♂ von *funebris* als Holotypus designiert, falls sich herausstellen sollte, daß das ♀ von *niger* mit *funebris* identisch ist. In der Beschreibung, die HAUPT gab, ist nicht angegeben, welches Geschlecht als Holotypus zu gelten hat, es müssen also die *niger*-Typen als Syntypen gelten.

Bestimmungstabelle für die mir bekannten Arten von *Tachyagetes* aus Mittel- und Südeuropa.

1. Weibchen

1 (2) Abdominalsegmente 1—4, Hinterschenkel und Hintertibien sowie Clypeusrand rot. Flügel kaum getrübt, mit deutlich kontrastierender Endtrübung, die von den Zellen ziemlich absteht. Cut des Vorderflügels interstitial, Mt 3 praefurkal. Zähnchen auch der Mittelklauen deutlich. Lg. ca. 7 mm. — Limassol, Cypern, 23. 5. 1962, leg. G. A. MAVROMOUSTAKIS (in coll. WOLF)
filicornis cyprius ssp. n.

2 (1) Höchstens das 1. bis 3. Abdominalsegment rot, Beine ganz schwarz.

3 (6) Abdomen ganz schwarz. Pubeszenz des Propodeums wenig ausgeprägt, wie bei *filicornis*.

4 (5) Körper fein staubartig grau pubeszent, besonders an den Hüften und vorn am Kopf merklich. Tibiendörnchen und Kammdornen der Tarsen I schwärzlich. Clypeus schwarz. Ocellenstellung rechtwinkelig oder fast so, POL merklich kleiner als OOL. Mittelklauen ohne oder nur mit äußerst kleinem Zähnchen. — Kreta . . . . *funebris* sp. n.

5 (4) Körperpubeszenz bronzebraun, besonders deutlich auf dem Propodeum und Pronotum, nur vorn am Kopf silbern und an den Körperseiten in gewisser Richtung so. Tibiendörnchen braun bis gelbbraun, ebenso der Tarsenkamm. Clypeusrand rötlich. POL = OOL. Ocellenstellung spitzwinkelig. — Insel Mykonos *aeratus* sp. n.

6 (3) Abdomen zum Teil rot.

7 (8) Vordertarsenkamm sehr kurz, die Dornen des Metatarsus I nicht oder kaum länger als dieser dick, der apikale Dorn höchstens $^1/_3$ so lang wie das 2. Tarsenglied. Zelle r 2 länger, oben (2. Abszisse des R) gut so lang oder länger als das Stigma. Nervulus postfurkal, meist schräg. Stark variierend, die Flügel in der Regel aber auch basal ± getrübt . . . . *filicornis* TOURN.

a (b) 1. und 2. Segment des Abdomens (selten auch die Basis des 3.) trüb rot, 1. Segment basal bisweilen stark verdunkelt, das 2. oft am Ende angeraucht . . . . *filicornis graecus* ssp. n.

b (a) 1. und 2. Segment hell rot, höchstens das 3. am Ende getrübt . . . . *filicornis filicornis* TOURN.

Bei der in Sizilien vorkommenden Form finde ich im ♀ keine Unterschiede, doch ist das ♂ bisweilen (nicht immer) an der Tibienbasis weiß gezeichnet.

8 (7) Vordertarsenkamm kräftig, länger, die Dornen länger als der Metatarsus I breit ist, der apikale Dorn ungefähr halb so lang wie das 2. Tarsenglied oder etwas mehr. Zelle r 2 kürzer, 2. Abszisse des R nicht länger als 1. und kürzer als das Stigma. Nervulus interstitial. Pronotum-Ausschnitt tiefer, deutlich stumpfwinkelig. — Morea . . . . *kusdasi* sp. n.

2. Männchen

1 (2) Das 3. Fühlerglied gut dreimal so lang wie dick, die feinen Stiftchen der Innenseite sind nur am Ende vorhanden. Pronotum-Ausschnitt tief, winkelig. Abdomen teilweise gerötet, d. h. mit düster roter Querbinde am 1. und an der Basis des 3. Segmentes. Mt 3 deutlich praefurkal. Ocellenstellung rechtwinkelig. Hintertibien schwarz. — Morea . . . . *kusdasi* sp. n.

2 (1) Das 3. Fühlerglied höchstens etwas mehr als doppelt so lang wie breit. Pronotum-Ausschnitt nicht deutlich winkelig, fast verrundet.

3 (4) Das 3. Fühlerglied gut doppelt so lang wie breit (z. B. 0,81:0,37 mm), die Stiftchen der Innenseite nur in der Endhälfte deutlich abstehend. Abdomen stets schwarz. Hintertibien immer weiß gezeichnet. Mt 3 interstitial oder fast so, Nervulus meist interstitial. Vorderflügel im Basalteil oft weniger getrübt als bei *filicornis*. — Kreta .... *funebris* sp. n.

4 (3) Das 3. Fühlerglied höchstens doppelt (meist 1,7 bis 1,8mal) so lang wie dick, die Stiftchen innen am 3. Glied sind dicht und fehlen höchstens an der äußersten Basis. 1. und 2. Segment des Abdomens bisweilen mit Spuren einer Rötung oder deutlich rot.

5 (6) Pubeszenz des Propodeums deutlicher, silberweiß. Nervulus im Vorderflügel interstitial oder fast so. Hintertibien weiß gezeichnet. Abdomen wahrscheinlich immer trüb rot, wenigstens an den Seiten des 1. und 2. Segments. — Sardinien (Cagliari) spec. nov. in coll. WOLF

6 (5) Pubeszenz des Propodeums wenig deutlich, grauweißlich. Cut im Vorderflügel sehr oft postfurkal. Abdomen am 1. und 2. Segment teilweise gerötet oder Körper ganz schwarz. Bei den Exemplaren aus Mitteleuropa sind Mittel- und Hinterhüften braun pubeszent, bei den südlichen in Grauweiß übergehend. Bei manchen Stücken aus Sizilien sind die Hintertibien außen hinter der Basis (wie bei *funebris*) weiß gezeichnet. Die ♂♂ der ssp. aus Morea unterscheiden sich nicht von den mitteleuropäischen *filicornis* TOURN.

Evagetes dubius v. d. LINDEN — 2 ♀♀, Korinth, Lutraki, V.—VI. (leg. SCHWARZ).

Sophropompilus crassicornis SHUCK. — ♀, Chelmos, 1. 6. 1962 (leg. SCHWARZ).

Sophropompilus contemptus villicus TOURN. — ♀, Kalamata, 11. 5. 1964 (leg. SCHMIDT).

Sophropompilus spec. — Eine große Art, die nur im Rahmen einer Gesamtbearbeitung der südeuropäischen Arten dieses Genus behandelt werden kann. — Kreta (Sitia), 19. 5. 1963 (leg. KUSDAS).

Sophropompilus schwarzi spec. nov. — 2 ♀♀ (Holotypus und Paratypus), Sitia, Kreta, 19. 5. 1963; 3 ♀♀ (Paratypen), 1 ♂ (Allotypus), Heraklion, Kreta, 14.—23. 5. 1963; ♀, Knossos, Kreta, 13. 5. 1963; ♀, Korinth, 23. 5. 1963; Kalamata, 13. 5. 1964; alles Paratypen (leg. SCHWARZ).

♀: Lg. 5,5—7,5 mm. — Schwarz, 1. und 2. Abdominalsegment trüb rot, bisweilen auch die Basis des 3., das 2. Segment am Hinterrand schmal angedunkelt; Basis des 2.—3. (—4.) Tergits bei einigen Stücken bleigrau bestäubt. Clypeus und Gesicht z. T. silbergrau tomentiert. — Kammdornen der Vordertarsen dunkel. Mandibeln mitten rötlich. Bestäubung des Thorax oben braun, an den Seiten und die der Hüften weißlichgrau.

Clypeus kurz, vorn gerade, Labrum groß, vorn bisweilen ganz schwach eingeschnitten, aber nicht breit ausgerandet. Wangen kurz, Schläfen (von oben gesehen) nur $^1/_4$ des Augendurchmessers, im Profil mitten etwa $^1/_3$ der Augendicke; Stirn (im Profil) gleichmäßig gewölbt. Auge (von vorne gesehen) $^2/_3$ der halben Stirnbreite. POL = OOL. Ocellenstellung schwach stumpfwinkelig. Fühler kurz und dick, das 3. Glied etwas kürzer als Schaft + Pedicellus, ungefähr doppelt oder etwas mehr so lang wie maximal dick. Pronotum kurz, hinten breit, gleichmäßig ausgerandet, etwa wie bei *littoralis* WESM. Postnotum sehr kurz, etwas eingesenkt, glänzend, aber quergestreift, höchstens $^1/_3$ so lang wie das Postscutellum. Propodeum bei allen Exemplaren stark längsgefurcht, die Furche in der Breite variierend; Propodeum matt, fein querchagriniert, hinten deutlicher so, Seiten ohne abstehende Behaarung. Vordertarsen mit mäßig langen Kammdornen, die durchschnittlich etwas länger sind als bei *S. crassicornis* SHUCK., aber bedeutend kürzer als bei *littoralis* WESM., und auch kürzer als bei *S. pontomoravicus* ŠUST., PR.; der Metatarsus I trägt 2—3 Kammdornen; sind nur 2 vorhanden, dann fehlt der sonst ganz kurze basale; der letzte Kammdorn des Metatarsus I erreicht ungefähr das Ende des 2. Tarsengliedes, der einzige Dorn des 2. Gliedes erreicht das Ende des 3. Gliedes; zwei kurze Unterseitendornen vorhanden, von denen der erste distal der Mitte, der zweite sehr kleine an der Spitze steht. Tibiendornen kurz, etwa halb so lang wie die Tibiendicke in der Mitte. Abdomen ohne Besonderheit. Flügelgeäder ähnlich wie bei *S. pontomoravicus*, doch sc etwas kürzer, Rt 1 wie bei *pontomoravicus* stark gebogen oder geknickt, Rt 2 gerade bis schwach gebogen, Zelle r 2 kürzer als bei *pontomoravicus*, die Abszissen 1, 2 und 3 des R in der Länge weniger verschieden als bei *pontomoravicus*, Zelle r 3 hoch, schmal, doch nach oben nicht so stark verengt wie bei der genannten Art; während bei dieser die Basis von r 2 viel mehr als doppelt so lang ist wie die von r 3, ist bei der neuen Art diese höchstens doppelt so lang oder weniger. Bei dem Exemplar aus Korinth sind die Abszissen von R ungleich lang, r 2 oben und unten etwas länger.

♂: Lg. 4 mm. — Schwarz. Sehr ähnlich dem ♂ von *S. pontomoravicus* (das mir nun nicht mehr zum Vergleich vorliegt). Ocellenstellung stumpfwinkelig. Sowohl sc als auch r 2 sind kürzer als bei der genannten Art, also gestaltet wie beim ♀, was mich in der Annahme, daß die neue Form spezifisch verschieden ist, bestärkt. Cut im Vorderflügel ist deutlich postfurkal, nicht gebogen und senkrecht, Mt 3 ist fast gerade. Fühlerglied 3 schwach quer, die Glieder 4—6 ungefähr so lang wie breit. Das Endsegment ist ganz eingezogen, so daß das ♂ in dieser Hinsicht erst genauer beschrieben werden kann, wenn weitere Exemplare vorliegen. Das 2. Glied der Tarsen I ist deutlich länger als das 3. Postnotum glänzend, noch etwas sichtbar, etwa $^1/_4$ der Länge des Postscutellums.

Das ♀ kommt wegen des Flügelgeäders dem *S. pontomoravicus* und *S. haupti* (PRIES.) (olim *Leuchimon haupti* PR.) am nächsten. Letztere (eremische) Art ist durch die helle Tomentierung und die helleren Beine sowie die schmäleren Augen leicht zu trennen, erstere Art steht der neuen sehr nahe, kann aber nicht identisch sein, denn die Zelle r 3 ist bei allen Exemplaren der neuen Art oben breiter offen, r 2 oben kürzer, sc ist länger. Die Bedornung der Metatarsen I ist ähnlich, doch sind die Kammdornen bei allen Stücken der n. sp. entschieden kürzer. Die Augen sind bei *S. pontomoravicus* deutlich breiter, das Propodeum ist etwas stärker quer, seine Chagrinierung etwas gröber.

Der Nomada-Spezialist M. SCHWARZ brachte die reichste Ausbeute mit, daher die Widmung.

Telostegus major COSTA — Nicht selten. Korinth, Alt-Korinth, Kalamata, Lutraki, Olympia, in beiden Geschlechtern, V.—VI. (leg. GUSENLEITNER, KUSDAS, SCHMIDT, SCHWARZ).

Telostegus cretensis spec. nov. — Nur von Kreta, 17. bis 26. 5. 1963, 2 ♀♀, Holotypus und Paratypus, Heraklion (leg. SCHWARZ); ♂♂, Sitia, Heraklion, 17.—26. 5. 1963, Allotypus und Paratypen (leg. GUSENLEITNER, KUSDAS und SCHWARZ).

♀: ca. 7 mm. — Schwarz, Mandibeln rot, Spitze schwarz. Stirn an den Seiten der Fühlerwurzeln etwas weißlich pubeszent, Clypeus-Vorderrand und Scheitel bräunlich pubeszent. Flügel nur ganz leicht getrübt, an der Basis leicht milchig, Spitzensaum breit dunkel, nicht ganz bis zu den Zellen so, aber sc dunkel. — Clypeus vorn in der Mitte ganz schwach gekerbt. Auge etwa $^1/_4$ der Stirnbreite, ein wenig schmäler als bei *T. major* COSTA. 3. Fühlerglied etwa so lang wie das 1. + 2., die Fühler auch sonst wie bei *major*. Propodeum in der hinteren Hälfte an den Seiten mit einigen wenigen abstehenden hellen Härchen. Postnotum etwas kürzer als bei *T. major*, nur etwa $^1/_3$ so lang wie das Postscutellum.

Pubeszenz am Absturz des Propodeums kaum bemerkbar, noch weniger deutlich als bei *T. major*. Bedornung der Tibien und Tarsen wie bei dieser Art. Metatarsus I mit drei langen, etwas gebogenen, dunklen Kammdornen, die sehr deutlich länger sind als das 2. Tarsenglied, aber kürzer als das 2. und 3. zusammen. Zelle sc im Vorderflügel länger als bei *major*, die Zelle r 3 überragend, so daß eine gedachte Senkrechte, die man von der Spitze von sc auf M zieht, außerhalb r 3 auftrifft, also Rt 3 nicht mehr berührt; Mt 3 wenig gebogen oder gerade. Endtergit schwarz, flach, matt, granuliert, wie bei *major*.

♂: 3—7,5 mm. — Färbung wie beim ♀, dem ♂ von *major* gleichfalls sehr ähnlich, doch leichter zu unterscheiden als das ♀. Die Fühler sind wesentlich dünner, das 3. Glied ist gut doppelt so lang wie dick, so lang oder etwas länger als das 4., das doppelt so lang wie breit ist. Die Zellen sc und r 3 wie beim ♀. Propodeum am Ende praktisch ohne weißgraue Pubeszenz, während eine solche bei *major* immer zu erkennen ist. Die abstehenden Haare auf dem Propodeum und auch auf der Genitalplatte sind bei *major* viel weniger auffällig als bei *cretensis*, da diese aber leicht abreibbar sind, ist dies kein gutes Kriterium. Bei *cretensis* sind die Tibiendornen relativ und meist auch absolut kürzer als bei *major*.

Bestimmungstabelle der mit *Telostegus major* COSTA verwandten Arten der Gattung.

1. Weibchen

1 (2) 3. Fühlerglied viel länger als 1. + 2., auch länger als Metatarsus I, Tarsenkamm (3 Dornen) sehr lang, die Dornen abgeflacht. Hinterecken des Propodeums (Randlinie!) winkelig cf. *melanurus* (KLUG)

2 (1) 3. Fühlerglied ungefähr so lang wie das 1. und 2. zusammengenommen, etwas kürzer als Metatarsus I; Kammdornen kürzer, dünner, weniger abgeflacht. Propodeum-Hinterecken abgerundet, nicht winkelig.

3 (6) Kammdornen der Vordertarsen dunkel. Kopf (von vorne gesehen) quer. Endtergit schwarz, matt, grob gekörnt. Tibiendornen schwarz, kürzer.

4 (5) Abdomen zum Teil dunkelrot bis ganz schwarz. Zelle sc gegen die Flügelspitze nur so weit vorgezogen wie r 3; eine gedachte Senkrechte von sc auf M trifft auf die Spitze von r 3. Postnotum mitten, hinten, etwas gerundet vorgezogen, fast halb so lang wie das Postscutellum. Durchschnittlich größer, bis 9,5 mm *major* COSTA

5 (4) Abdomen schwarz. Zelle sc mit der Spitze weiter vorragend als r 3, die gedachte Senkrechte von der Spitze von sc auf M trifft außerhalb r 3 auf M. Postnotum mitten kaum oder gar nicht vorgezogen, nur $^1/_3$ so lang wie das Postscutellum. Kleiner, etwa 7 mm .... *cretensis* sp. n.

6 (3) Kammdornen des Tarsus I gelbbraun, dünn. Kopf schmäler, nicht breiter als lang. Endtergit chagriniert bis fein gekörnt, nicht schwarz, sondern etwas kupfern schimmernd. Tibiendornen länger, gelbbraun .... cf. *masrensis* PRIES.

2. Männchen

(Körper ganz schwarz. Vordertarsen nicht verdickt. Flügel am Ende getrübt, basal lichter bis hyalin).

1 (2) Die beiden Kammdornen des Metatarsus I sehr deutlich, der letzte ungefähr die Mitte des 2. Tarsengliedes erreichend; dieses mit deutlichem Kammdorn, der die Mitte des 3. Tarsengliedes erreicht oder etwas überragt. Der basale Kammdorn des Metatarsus erreicht gewöhnlich die Spitze desselben. Hinterecken des Propodeums deutlich vorgezogen, dicht silbern behaart. Seiten des Propodeums hinten fein weißlich abstehend behaart. 3. Fühlerglied gut doppelt so lang wie dick .. cf. *melanurus* (KLUG)

2 (1) Kammdornen der Vordertarsen äußerst kurz. Propodeum hinten kaum vorgezogen, silberne Pubeszenz wenig auffallend oder undeutlich. Propodeum-Behaarung kurz oder fehlend.

3 (4) Fühler etwas dicker, 3. Glied nur 1,3—1,5mal so lang wie dick, etwas kürzer als das 4., das nicht ganz doppelt so lang wie dick ist. Zellen sc und r wie beim ♀. Postnotum hinten mitten etwas gerundet bis stumpfwinkelig vorgezogen. Längste Dornen der Mitteltibie etwas länger als die Tibie breit ist. Lg. 6—9 mm *major* COSTA

4 (3) Fühler etwas schlanker, das 3. Glied gut doppelt so lang wie breit, etwas länger als das 4., das doppelt so lang ist wie breit. Zellen sc und r wie beim ♀. Postnotum hinten in der Mitte kaum erweitert oder vorgezogen. Längste Dornen der Mitteltibien nicht länger als die Tibien breit sind. Lg. 3—7,5 mm *cretensis* sp. n.

III. Epipompilinae

Microphadnus pumilus COSTA — ♀, Alt-Korinth, 21. 5. 1964; ♀, Lutraki, 2. 6. 1964; ♂, Kreta (Sitia), 20. 5. 1963; ♀, Kreta (Knossos), 13. 5. 1963 (leg. KUSDAS und SCHWARZ).

IV. Ceropalinae

Ceropales cribratus COSTA — ♂, Alt-Korinth, 5. 6. 1963 (leg. SCHWARZ).

Ceropales variegatus F. — ♂, Zachloru, 31. 5. 1960 (leg. KUSDAS).

Ceropales helveticus TOURN. — ♀, Olympia, 17. 5. 1964 (leg. SCHWARZ).

1957 (S I Bd. 166):

Ehrenberg K.: Berichte über Ausgrabungen in der Salzofenhöhle im Toten Gebirge. VIII. Bemerkungen zu den Ergebnissen der Sedimentuntersuchungen von Elisabeth Schmid. S 5.80

Schmid Elisabeth: Von den Sedimenten der Salzofenhöhle (mit 1 Textabbildung und 1 Beilage) S 14.—

Zapfe H. und Hürzeler J.: Die Fauna der miozänen Spaltenfüllung von Neudorf a. d. M. (ČSR). Primates (mit 1 Tafel). S 10.20

1958 (S I Bd. 167):

Bakalow P., Kühn N. und Sachariewa K.: Die Trias von Kotel (Ost-Balkan). I. Die unterkarnische Ammonitenfauna von Kotel (mit 4 Textabbildungen und 2 Tafeln). S 20.80

Bobies A. Carl: Bryozoenstudien III/2. Die Horneridae (Bryozoa) des Tortons im Wiener und Eisenstädter Becken (mit 3 Tafeln). S 20.70

Tiedt Liselotte: Die Nerineen der österreichischen Gosauschichten (mit 13 Textabbildungen und 3 Tafeln). S 29.60

1959 (S I Bd. 168):

Bachmayer F.: Neue Crustaceen aus dem Jura von Stremberg (ČSR) (mit 2 Tafeln). S 13.50

Kühn O. und Pejović D.: Zwei neue Rudisten aus Westserbien (mit 4 Textabbildungen und 4 Tafeln). S 17.80

Pokorny Gerhard: Die Actaeonellen der Gosauformation (mit 1 Textabbildung und 2 Tafeln). S 31.20

1960 (S I Bd. 169):

Bachmayer F.: Insektenreste aus den Congerienschichten (Pannon) von Brunn-Vösendorf (südl. von Wien), Niederösterreich (mit 2 Tafeln und 8 Abbildungen). S 8.30

Schaffer H.: Interessante obereozäne Echinidenarten aus Bruderndorf (Niederösterreich) und Oberitalien (mit 7 Textabbildungen). S 11.—

1961 (S I Bd. 170):

Bachmayer F.: Neue Insektenfunde aus dem österreichischen Tertiär (Brunn-Vösendorf bei Wien und Weingraben im Burgenland) (mit 2 Textabbildungen und 4 Tafeln). S 170—9, S 13.60

Bernhauser A.: Zur Knochen- und Zahnhistologie von Latimeria chalumnae Smith und einiger Fossilformen (mit 17 Textabbildungen). S 170—6, S 19.40

Ehrenberg K. und Ruckensteiner E.: Bericht über Ausgrabungen in der Salzofenhöhle im Toten Gebirge XIII. Paläopathologische Funde und ihre Deutung auf Grund von Röntgenuntersuchungen (mit 10 Tafeln). S 170—23, S 39.—

Flügel E.: Bryozoen aus den Zlambach-Schichten (Rhät.) des Salzkammergutes, Österreich (mit 3 Textabbildungen und 3 Tafeln). S 170—25, S 20.—

Rutsch R. F. und Steininger F.: Eine neue Pecten-Art aus dem Typus-Profil des Helvétien südlich von Bern (Schweiz) (mit 4 Textabbildungen und 1 Tafel). 170—10, S 18.—

Schaffer H.: Brissus (Allobrissus) miocaenicus, eine neue Echinidenart aus dem Torton Mühlendorf (Burgenland) (mit 1 Textabbildung und zwei Tafeln). S 170—8, S 13.20

Zapfe H.: Ergebnisse einer Untersuchung der Austriacopithecus-Reste aus dem Mittelmiozän von Klein-Hadersdorf, NÖ. und eines neuen Primatenfundes aus der Molasse von Trimmelkam, OÖ. S 170—7, S 9.30

1962 (S I Bd. 171):

Schmid Manfred, E., Die Foraminiferenfauna des Bruderndorfer Feinsandes (Danien) von Haidhof bei Ernstbrunn, NÖ. 171–18, S 86.–

GPSR Compliance
The European Union's (EU) General Product Safety Regulation (GPSR) is a set of rules that requires consumer products to be safe and our obligations to ensure this.

If you have any concerns about our products, you can contact us on

ProductSafety@springernature.com

In case Publisher is established outside the EU, the EU authorized representative is:

Springer Nature Customer Service Center GmbH
Europaplatz 3
69115 Heidelberg, Germany

www.ingramcontent.com/pod-product-compliance
Ingram Content Group UK Ltd.
Pitfield, Milton Keynes, MK11 3LW, UK
UKHW021930190726
13853UKWH00002B/952
9783662227138